Paris Sweets

Introduction

パリの通りを歩いていると、美しくデコレーションされた
おいしそうなケーキが並ぶ、ウィンドウと出会います。
色とりどりで、フォルムもさまざまなお菓子たちは
ひとつひとつが輝いて、まるでジュエリーのよう。
ながめているだけで、うっとり夢心地……そうなると
もう吸いこまれるように、お店に入ってしまいます。

ころんとした形も色合いも愛らしい、パリ風マカロンに
こんがりキツネ色、おいしさが詰まった焼き菓子。
カカオが香りたつチョコレートに、バターたっぷりのパン。
ケーキだけでなく、パティシエさんたちの趣向がこらされた
お菓子を前に、どれにしよう?と悩むのも楽しいひととき。
おいしいものを前に、だれもが自然な笑顔になります。

パリのお菓子屋さんをのぞいたときの
甘いときめきを、この本の中にとじこめました。
もしも、食べてみたいお菓子を見つけたら、
ぜひパリのお店へと、足を運んでみてくださいね。
パティシエさんたちの愛情がたっぷり詰まった
かわいくておいしいお菓子たちが、あなたを待っています!

ジュウ・ドゥ・ポゥム

À La Mère de Famille

Contents

6 …… **Pâtisseries** カラフル＆かわいい、パリのケーキたち

24 …… **Gâteaux et Biscuits** おいしさを焼き込んだガトー＆ビスキュイ

36 …… **Macarons** マカロンはパリジェンヌのように魅力的

48 …… **Chocolats** 甘くとろける、しあわせのチョコレート

ちいさなよろこび、キラキラ輝く砂糖菓子　**Confiseries** 60

リッチな味わい、お菓子屋さんのパン　**Viennoiseries** 72

夢が広がる、お菓子屋さんのインテリア　**Ambiances** 84

リボンをかけて、素敵なラッピング　**Paquets et Rubans** 96

本書は、『パリのお菓子屋さん』(2009年9月)『パリのおいしいおみやげ屋さん』(2010年4月)『パリのチョコレート屋さん』(2011年1月)『パリでおいしいお茶時間』(2012年4月)取材時に出会ったお菓子とお店の様子を、テーマごとにまとめた1冊です。現在お取り扱いのない商品が掲載されている可能性もありますが、それぞれパティシエさんたちの作品としてお楽しみいただければ幸いです。

Carnet d'Adresses 106
ショップリスト

カラフル＆かわいい、パリのケーキたち
Pâtisseries

Ladurée

Pâtisseries

パティスリー

パリのお菓子屋さんに並ぶケーキは
フォルムも色合いも、バリエーション豊か。
「あれも、これも食べてみたい！」と
思わず目移りしてしまう魅力にあふれています。
種類別に集めてみると、同じ素材から生まれた
ケーキたちも表情豊かで、お店ごとに個性的。
それぞれに込められた、パティシエさんたちの
愛情とクリエーションが感じられます。

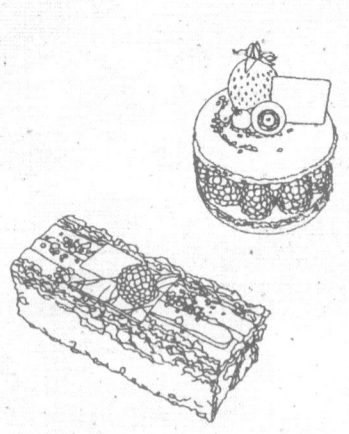

Carl Marletti

Les Fruits Rouges 愛らしさいっぱいベリーのケーキ

Jacques Genin Fondeur en Chocolat

Blé Sucré

Carl Marletti

Sucré Cacao

Chez Bogato | Sadaharu Aoki

Angélina | Pain de Sucre

Hôtel Amour

Les Chocolats こっくりチョコレートのケーキ

Angélina

La Pâtisserie par Véronique Mauclerc

Sadaharu Aoki

Ladurée

La Maison du Chocolat

Arnaud Larher

Chez Bogato

Pierre Hermé Paris

Laurent Duchêne la Pâtisserie de Kyoko

Sucré Cacao

Jean-Paul Hévin

Les Milles-feuilles パイ生地さっくりミルフィーユ

Angélina

Arnaud Larher

Jacques Genin Fondeur en Chocolat

Sadaharu Aoki

Sadaharu Aoki

Jean-Paul Hévin

Carl Marletti

La Maison du Chocolat

Les Éclairs 個性いろいろ、見た目も楽しいエクレア

Carette

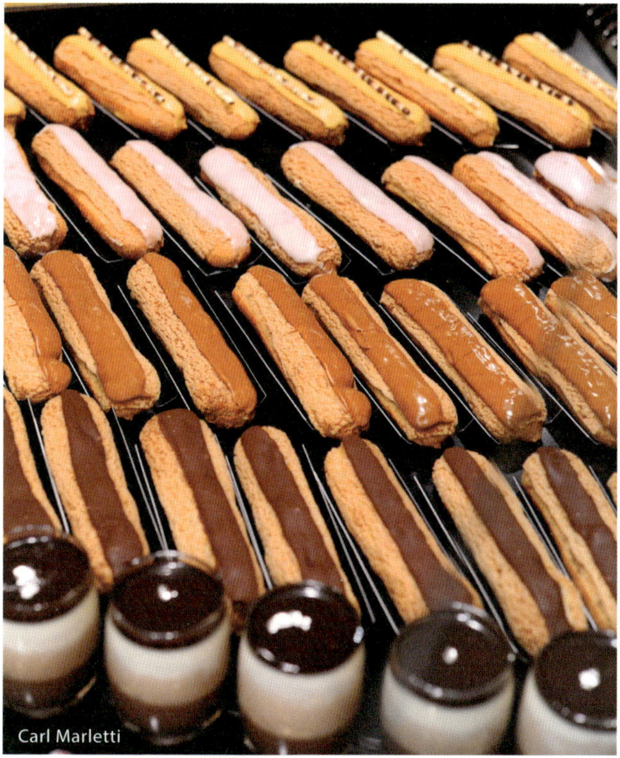
Carl Marletti

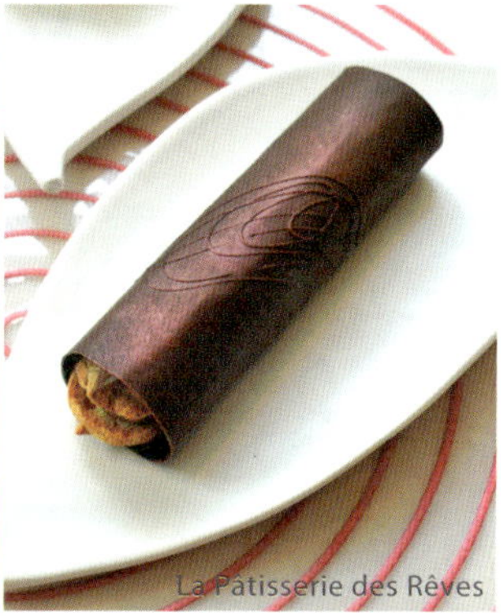
La Patisserie des Rêves

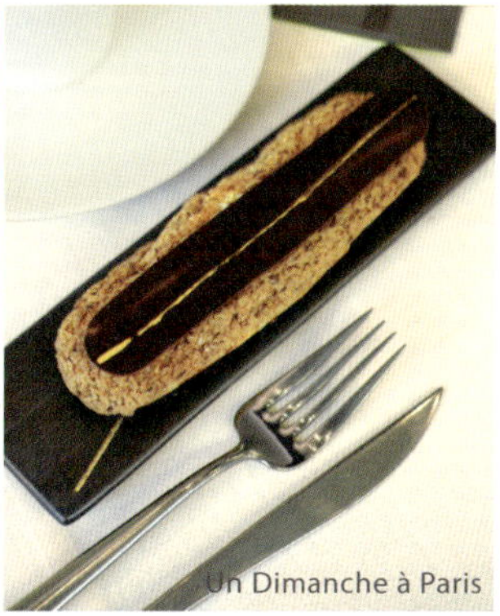
Un Dimanche à Paris

Arnaud Larher

Pain de Sucre

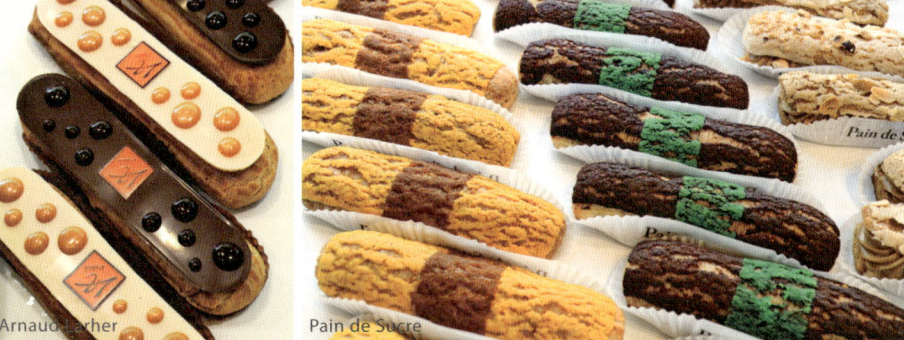

Les Tartes シンプルがぜいたくなタルト

Tartes Kluger

Chez Bogato

Mariage Frères

Pain et Chocolat

Sadaharu Aoki  | Tartes Kluger

Jacques Genin Fondeur en Chocolat

Angélina

La Pâtisserie des Rêves

Les Choux ふっくらキュートなシューのお菓子

Jacques Genin
Fondeur en Chocolat

Chez Bogato

Sadaharu Aoki

Ladurée   Arnaud Larher

Carl Marletti   Angélina

Les Pâtisseries Vertes さわやかフレッシュグリーンのケーキ

Pierre Hermé Paris

おいしさを焼き込んだガトー&ビスキュイ

Gâteaux et Biscuits

Merci

Gâteaux et Biscuits
ガトー・エ・ビスキュイ

さっくりとしたサブレに、香ばしさ広がるマドレーヌ
ずっしり詰まったケークなど、素朴な見た目と裏腹に
リッチな風味が楽しめる、パリの焼き菓子たち。
素材の持ち味と焼き加減が、おいしさの秘密です。
シンプルなお菓子だけに、好みの味との出会いは
なんとも運命的なよろこび！
日持ちがする焼き菓子は、旅のおみやげにもぴったり。

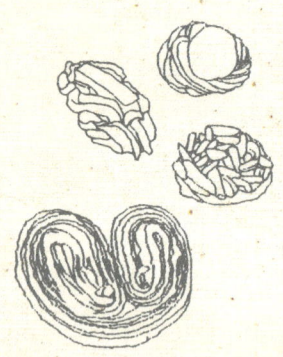

大変恐縮ですが
50円切手を
お貼りください

(あて先)
〒150-0001
東京都渋谷区神宮前3-5-6
ジュウ・ドゥ・ポゥム 行
édition PAUMES　Japan

フリガナ

お名前

ご住所
〒

メールアドレス　　　　　　　　　　＠

ご職業

年齢　　　　歳　　性別　　□ woman　□ man

お電話番号

アンケートにご協力いただいた方の中から抽選で毎月3名
様に、ジュウ・ドゥ・ポゥムのオリジナルポストカードセット(5
枚組/セットの内容はお楽しみに)をプレゼント！当選者の発
表は発送をもってかえさせていただきます。

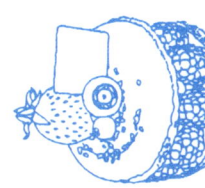

Paris Sweets

ジュウ・ドゥ・ボゥム

この度は『パリのお菓子屋さんアルバム』をお買い上げいただき、誠にありがとうございます。今後の編集の参考にさせていただきますので、右記の質問にお答えくださいますようお願いいたします。
なお、ご記入いただいた項目のうち、個人情報に該当するものは新刊のご案内・商品当選の際の発送以外の目的には使用いたしません。

メールアドレスを記入いただいた方には、ジュウ・ドゥ・ボゥムより新刊書籍のご案内などの情報をお送りしたいと思っております。必要でない方は、こちらの欄にチェックをお願いします。

□ 情報は不要です

1. 本書をお何でお知りになりましたか？
□ 雑誌（　　　　　　　　　）　□ ホームページ（　　　　　　　　　）　□ 店頭
□ その他（　　　　　　　　　）

2. 本書をお買い上げいただいた店名をお教えください。

市町村名　　　　　　　　　　　店名

3. 本書をお買い上げいただいたきっかけを下記の項目からひとつだけお選びください。
□ パリに興味　□ お菓子に興味　□ パリを訪ねる予定がある　□ 海外の暮らしに興味
□ 写真・デザインにひかれて　□ その他（　　　　　　　　　）

4. 本書に関するご意見、ご感想をお聞かせください。

5. 現在、あなたが興味のある物事や人物などについて教えてください。

● ジュウ・ドゥ・ボゥムの活動については
http://www.paumes.com
http://www.2dimanche.com
をご覧ください。

Chez Bogato

Rose Bakery

Laurent Duchêne

A Priori Thé

Jean Millet

Produits des Monastères

Chez Bogato

Pain de Sucre

Sadaharu Aoki

Poilâne

Produits des Monastères

Sadaharu Aoki

Chez Bogato

KB Café Shop

Pain de Sucre

Laurent Duchêne

La Pâtisserie des Rêves

Chez Bogato

Merci

Jean Millet

Rose Bakery

Mariage Frères

マカロンはパリジェンヌのように魅力的
Macarons

YUZU CARAMEL FRAISE

UME   VIOLETTE   CAS

Sadaharu Aoki

Macarons

マカロン

ふっくらころんとした形が愛らしいマカロン。
まるく焼きあげた生地2枚で
クリームやガナッシュをはさむスタイルを
「マカロン・パリジャン」と呼びます。
繊細な食感と、エレガントな味わい
キュートな姿は、まさにパリを代表するお菓子。
華やかなフレーバーとカラーバリエーションは
わたしたちを、わくわくさせてくれます。

Angélina

Carette

Stohrer

Laurent Duchêne

Pierre Hermé Paris

Coffret
24 macarons
32 €

Coffret
15 macarons
19 €

Coffret
macarons
3,50 €

Arnaud Larher

Chez Bogato

Sadaharu Aoki

Jean-Paul Hévin

Ladurée

Angélina

PISTACHE
pistachio

FRAMBOISE
raspberry

CHOCOLAT
MENTHE
mint chocolate

FRAISE
COQUELICOT
strawberry poppy

Carette

Pierre Hermé Paris

Angélina

Ladurée

La Maison du Chocolat

Arnaud Larher

Stohrer

La Maison du Chocolat

Pain de Sucre

Ladurée

甘くとろける、しあわせのチョコレート

Chocolats

Fouquet

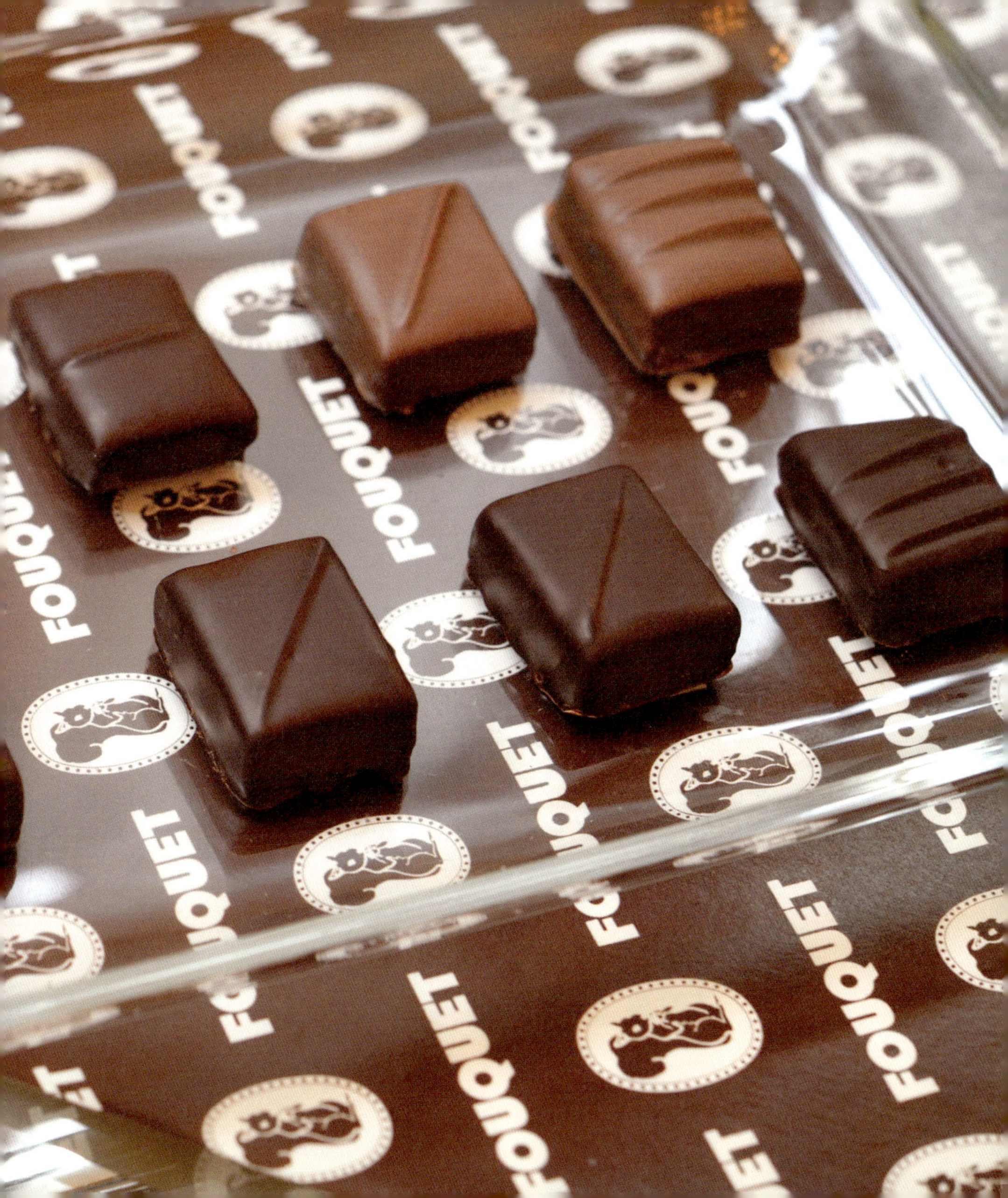
FOUQUET

Chocolats

ショコラ

パリのショコラティエが作り出すチョコレートは
ちょっぴり背伸びしたくなるお菓子。
ドキドキするようなカカオの香りに、繊細な口溶け
ふわっと広がる、フレーバーの素敵な組み合わせ。
この深い味わいのすべてを感じるには、
もっと大人にならなくちゃ！と思ってしまいます。
でも、その甘くとろけていく、大きなしあわせには
だれもがうっとり、子どものような笑顔を浮かべます。

Jean-Paul Hévin

La Pâtisserie des Rêves

CUBE
CHOCOLATE
5,80 euros

Sadaharu Aoki

À La Mère de Famille

Daubos

53

Richart

Jean-Paul Hévin

Sucré Cacao

Pain de Sucre

Debauve & Gallais

Champignon
Nougatine et caramel

Cristian Constant

A l'Etoile d'Or

Jean-Charles Rochoux

À La Mère de Famille

Cassis
Ganache à la pulpe
et crème de cassis

Laurent Duchêne la Pâtisserie de Kyoko

À l'Etoile d'Or

Patrick Roger

À La Mère de Famille

Jean-Charles Rochoux

Jean-Paul Hévin

Les sucettes au chocolat fourrées au praliné à l'ancienne.

MICHEL CLUIZEL

Jean Millet

La Pâtisserie des Rêves

Angélina

Coutume Café

Jean-Paul Hévin

Ladurée

ちいさなよろこび、キラキラ輝く砂糖菓子
Confiseries

Daubos

Confiseries

コンフィズリー

フルーツやナッツなどの素材を、おいしいお菓子に
変身させる、お砂糖の魅力をいっぱいに生かした
砂糖菓子のことを、コンフィズリーと呼びます。
キャンディーやキャラメル、ヌガー、マシュマロなど
素朴な甘さ広がるコンフィズリーは、古くから
フランスの子どもたちに、親しまれてきたものばかり。
なつかしいおやつを、パティシエたちがひと工夫。
新しい魅力あふれるコンフィズリーも、登場しています。

À La Mère de Famille

Marrons Confits
9 €
Le sachet de 100 grs

Arnaud Larher

A La Mère de Famille

Calisson Maison
Pâte d'amande pistache
et fleur d'oranger
(4 pièces)
17 €

Pain de Sucre

Jean-Paul Hévin

À La Mère de Famille

Produits des Monastères

Les Abeilles

La Pâtisserie des Rêves

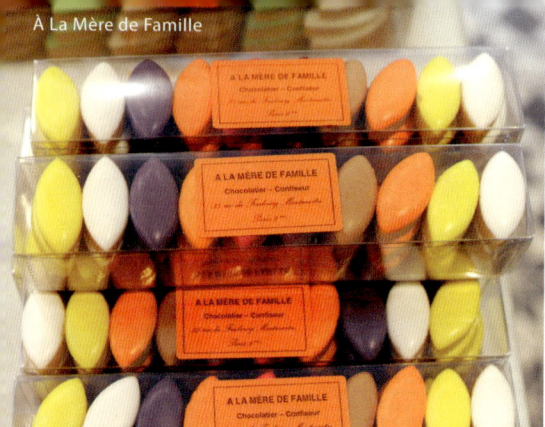

À La Mère de Famille

Fouquet

Daubos

Sucré Cacao

Verlet

Servant

Verlet

A l'Etoile d'Or

Produits des Monastères

Pain de Sucre

Ladurée

A l'Etoile d'Or

Chez Bogato

Produits des Monastères

À La Mère de Famille

リッチな味わい、お菓子屋さんのパン

Viennoiseries

BRIOCHE LÉGÈRE
1.50 €

BRIOCHE PÉCAN
3.20€

Angélina

Viennoiseries
ヴィエノワズリー

パリの朝ごはんに欠かせない、クロワッサンや
ぷっくりと頭がふくらんだ、ブリオッシュ……。
パリジャンたちは、バターやたまごをたっぷり使った
風味豊かな甘みのあるパン、ヴィエノワズリーを
カフェ・オ・レにひたしながら、いただきます！
もちろん、おやつタイムのお供にも。店先ですぐに
紙袋から取り出して、ふわっとただようバターの香りと
ぱりっと香ばしく焼けた皮を味わうのは、最高のぜいたくです。

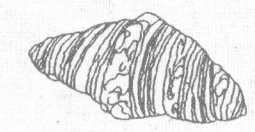

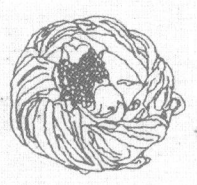

Le Boulanger des Invalides

Cuisine de Bar

Du Pain et Des Idées

Le Boulanger des Invalides

Sadaharu Aoki

Pain Mâcha Azuki
パン・抹茶・アズキ

1.70 €
SDT 1.95€

La Pâtisserie des Rêves

Stohrer

Daubos

Cuisine de Bar

Carette

Le Boulanger des Invalides

Pain et Chocolat

Ladurée

Arnaud Larher

Sadaharu Aoki

Blé Sucré

Carette

Daubos

Carette

Le Boulanger des Invalides

Blé Sucré

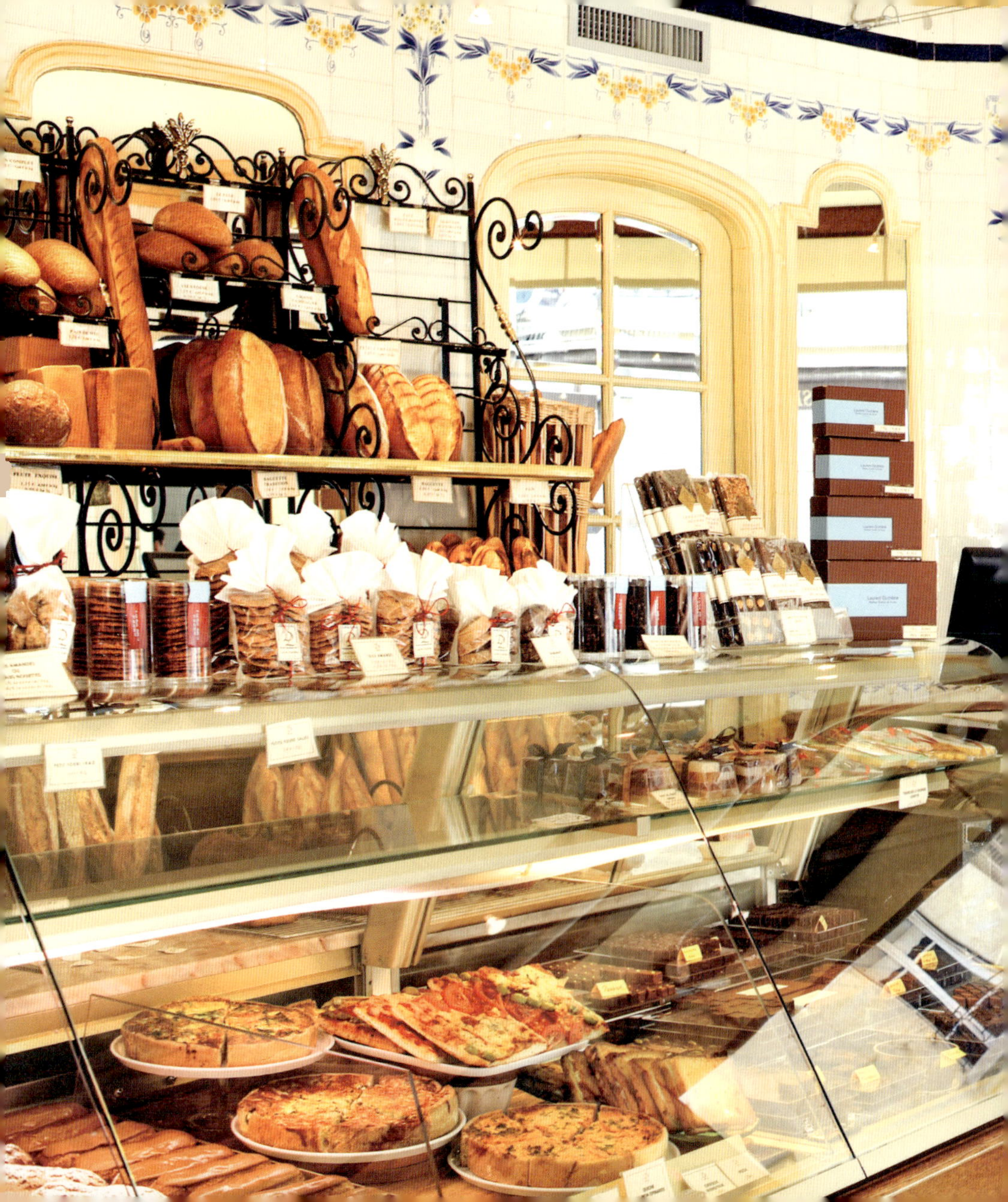

夢が広がる、お菓子屋さんのインテリア

Ambiances

Laurent Duchêne

Ambiances
アンピアンス

「ボンジュール」とドアをあけると広がる
お菓子屋さんの世界。タイル貼りの床に
ホーローのプレートや、重厚な木のカウンターなど
伝統ある内装をそのまま、大切に使っているお店。
デザイナーと、コラボレーションして
モダンでフレッシュな雰囲気を作り上げたお店。
ショーケースに並ぶ、お菓子たちと同じく
インテリアにも、それぞれの味わいが感じられます。

À la Mère de Famille

Tartes Kluger

La Pâtisserie des Rêves

À l'Étoile d'Or

Chez Bogato

KB Café Shop

A Priori Thé

Le Loir dans la Théière

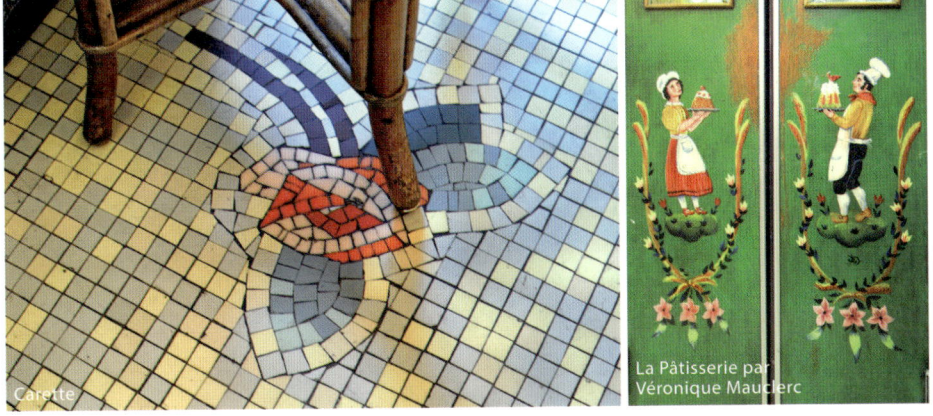

Carette

La Pâtisserie par Véronique Mauclerc

Ladurée

Debauve & Gallais

Poilâne

Le Boulanger des Invalides

A l'Etoile d'Or

Pain et Chocolat

Carette

Coutume Café

A La Mère de Famille

Verlet

リボンをかけて、素敵なラッピング

Paquets et Rubans

A l'Etoile d'Or

Paquets et Rubans

パケ・エ・リュバン

季節ごとにデザインが変わる、マカロン・ボックスに
チャーミングなイラスト入りのバッグや箱、
そしてヴィンテージの版画印刷のラッピングペーパー。
パリでは、紙袋にさっと入れるだけのお店も多いので
オリジナルのパッケージと出会えると、うれしくなります。
おいしいお菓子を、リボンでおめかしさせて、
素敵な旅の思い出が詰まった、おみやげにしましょう！

À La Mère de Famille

La Maison du Chocolat

Albert Ménès   Carette

À La Mère de Famille   Produits des Monastères

Pierre Hermé Paris

Debauve & Gallais

À La Mère de Famille

À l'Etoile d'Or

Fauchon

À La Mère de Famille

Debauve & Gallais

Jean-Charles Rochoux

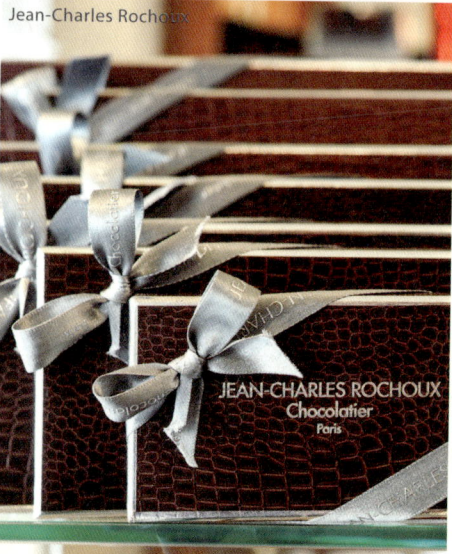

Hédiard

Ladurée

Carnet d'Adresses
『パリのお菓子屋さんアルバム』ショップリスト

アルノー・ラエール
Arnaud Larher
53, rue Caulaincourt 75018 Paris
Métro : Lamarck Caulaincourt
93, rue de Seine 75006 Paris
Métro : Mabillon, Odéon
www.arnaud-larher.com

ア・ラ・メール・ドゥ・ファミーユ
À La Mère de Famille
35, rue du Faubourg Montmartre 75009 Paris
Métro : Le Peltier, Grands Boulevards
www.lameredefamille.com

ブレ・シュクレ
Blé Sucré
7, rue Antoine Vollon 75012 Paris
Métro : Ledru-Rollin

アルベール・メネス
Albert Ménès
41, boulevard Malesherbes 75008 Paris
Métro : Madeleine, Saint-Augustin
www.albertmenes.fr

カレット
Carette
4, place du Trocadéro 75016 Paris
Métro : Trocadéro
www.carette-paris.com

ア・レトワール・ドール
A l'Etoile d'Or
30, rue Pierre Fontaine 75009 Paris
Métro : Blanche

カール・マルレッティ
Carl Marletti
51, rue Censier 75005 Paris
Métro : Censier Daubenton
www.carlmarletti.com

アンジェリーナ
Angélina
226, rue de Rivoli 75001 Paris
Métro : Tuileries
www.angelina-paris.fr

シェ・ボガト
Chez Bogato
7, rue Liancourt 75014 Paris
Métro : Danfert Rochereau, Mouton Duvernet
chezbogato.fr

ア・プリオリ・テ
A Priori Thé
35-37, galerie Vivienne 75002 Paris
Métro : Bourse
apriorithe.wordpress.com

クチューム・カフェ
Coutume Café
47, rue de Babylone 75007 Paris
Métro : Saint-François-Xavier
coutumecafe.com

クリスチャン・コンスタン
Cristian Constant
37, rue d'Assas 75006 Paris
Métro : Saint-Placide, Rennes
www.christianconstant.fr

フーケ
Fouquet
36, rue Laffitte 75009 Paris
Métro : Le Peletier
www.fouquet.fr

キュイジーヌ・ドゥ・バー
Cuisine de Bar
38, rue Debelleyme 75003 Paris
Métro : Filles de Calvaire
www.cuisinedebar.fr

エディアール
Hédiard
21, place de la Madeleine 75008 Paris
Métro : Madeleine
www.hediard.fr

ドボス
Daubos
35, rue Royale - Quartier Saint Louis 78000 Versailles
RER-C : Versailles Rive Gauche
www.chocolatsdaubos.com

オテル・アムール
Hôtel Amour
8, rue de Navarin 75009 Paris
Métro : Saint-Georges
www.hotelamourparis.fr

ドゥボーヴ・エ・ガレ
Debauve & Gallais
30, rue des Saints-Pères 75007 Paris
Métro : Saint-Germain-des-Prés
www.debauve-et-gallais.com

ジャック・ジュナン　フォンダー・アン・ショコラ
Jacques Genin Fondeur en Chocolat
133, rue de Turenne 75003 Paris
Métro : Republique, Filles du Calvaire
現在パティスリーは、ミルフィーユのみ

デ・ガトー・エ・デュ・パン
Des Gâteaux et du Pain
63, boulevard Pasteur 75015 Paris
Métro : Pasteur

ジャン＝シャルル・ロシュー
Jean-Charles Rochoux
16, rue d'Assas 75006 Paris
Métro : Rennes
www.jcrochoux.fr

デュ・パン・エ・デ・ジデ
Du Pain et Des Idées
34, rue Yves Toudic 75010 Paris
Métro : Jacques Bonsergent, République
www.dupainetdesidees.com

ジャン・ミエ
Jean Millet
103, rue Saint-Dominique 75007 Paris
Métro : Ecole Militaire

フォション
Fauchon
30, place de la Madeleine 75008 Paris
Métro : Madeleine
www.fauchon.com

ジャン＝ポール・エヴァン
Jean-Paul Hévin
231, rue Saint-Honoré 75001 Paris
Métro : Tuileries
www.jphevin.com

KB カフェ・ショップ
KB Café Shop
62, rue des Martyrs 75009 Paris
Métro : Pigalle, Saint-Georges

ラデュレ
Ladurée
75, avenue des Champs Elysées 75008 Paris
Métro : George V
21, rue Bonaparte 75006 Paris
 Métro : Saint-Germain-des-Près
www.laduree.fr

ラ・メゾン・デュ・ショコラ
La Maison du Chocolat
225, rue du Faubourg Saint-Honoré 75008 Paris
Métro : Ternes
www.lamaisonduchocolat.com

ラ・パティスリー・デ・レーヴ
La Pâtisserie des Rêves
111, rue de Longchamp 75016 Paris
Métro : Rue de la Pompe
www.lapatisseriedesreves.com

ラ・パティスリー・パール・ヴェロニック・モクレルク
La Pâtisserie par Véronique Mauclerc
閉店しました

ローラン・デュシェーヌ
Laurent Duchêne
2, rue Wurtz 75013 Paris
Métro : Glacière
www.laurent-duchene.com

ローラン・デュシェーヌ ラ・パティスリー・ドゥ・キョウコ
Laurent Duchêne la Pâtisserie de Kyoko
238, rue de la Convention 75015 Paris
Métro : Convention
www.laurent-duchene.com

ル・ブーランジェ・デ・ザンヴァリッド
Le Boulanger des Invalides
14, avenue de Villars 75007 Paris
Métro : Saint-François-Xavier

ル・ロワール・ダン・ラ・テイエール
Le Loir dans la Théière
3, rue Rosier 75004 Paris
Métro : Saint-Paul

レ・ザベイユ
Les Abeilles
21, rue de la Butte-aux-Cailles 75013 Paris
Métro : Corvisart
www.lesabeilles.biz

マリアージュ・フレール
Mariage Frères
30, rue du Bourg-Tibourg 75004 Paris
Métro : Hôtel de Ville
13, rue des Grands-Augustins 75006 Paris
Métro : Odéon
www.mariagefreres.com

メルシー
Merci
111, boulevard Beaumarchais 75003 Paris
Métro : Saint-Sébastien-Froissart
www.merci-merci.com

ミス・カップケーク
Miss Cupcake
22, rue de la Vieuville 75018 Paris
Métro : Abbesses
www.misscupcake.fr

パン・ドゥ・シュークル
Pain de Sucre
14, rue Rambuteau 75003 Paris
Métro : Rambuteau
www.patisseriepaindesucre.com

パン・エ・ショコラ
Pain et Chocolat
16, avenue de la Motte-Piquet 75007 Paris
Métro : La Tour-Maubourg

パトリック・ロジェ
Patrick Roger
3, place de la Madeleine 75008 Paris
Métro : Madeleine
www.patrickroger.com

ピエール・エルメ・パリ
Pierre Hermé Paris
185, rue de Vaugirard 75015 Paris
Métro : Pasteur
72, rue Bonaparte 75006 Paris
Métro : St-Germain-des-Prés
www.pierreherme.com

ポワラーヌ
Poilâne
8, rue du Cherche-Midi 75006 Paris
Métro : Sèvres Babylone, Saint-Sulpice
www.poilane.com

プロデュイ・デ・モナステール
Produits des Monastères
10, rue des Barres 75004 Paris
Métro : Hôtel de Ville
jerusalem.cef.fr

リシャール
Richart
258, boulevard Saint-Germain 75007 Paris
Métro : Solférino
www.richart-chocolates.com

ローズ・ベーカリー
Rose Bakery
46, rue des Martyrs 75009 Paris
Métro : Pigalle, Notre-Dame-de-Lorette

サダハル・アオキ
Sadaharu Aoki
56, boulevard Port Royal 75005 Paris
Métro : Les Gobelins
www.sadaharuaoki.com

セルヴァン
Servant
30, rue d'Auteuil 75016 Paris
Métro : Michel-Ange Auteuil, Église d'Auteuil
www.chocolaterie-servant.com

ストレー
Stohrer
51, rue Montorgueil 75002 Paris
Métro : Sentier, Etienne Marcel
www.stohrer.fr

シュクレ・カカオ
Sucré Cacao
89, avenue Gambetta 75020 Paris
Métro : Gambetta
www.sucrecacao.com

タルト・クリュゲール
Tartes Kluger
Terrasse Kluger : Etoile Cinéma Lilas 内
Place du Maquis du Vercors 75020
Paristartskluger.com

アン・ディマンシュ・ア・パリ
Un Dimanche à Paris
4-6-8, Cour du Commerce Saint-André 75006 Paris
Métro : Odéon
www.un-dimanche-a-paris.com

ヴェルレ
Verlet
256, rue Saint-Honoré 75001 Paris
Métro : Palais Royal- Musée du Louvre
www.cafesverlet.com

toute l'équipe du livre

édition PAUMES

Photographe : Hisashi Tokuyoshi

Design : Kei Yamazaki, Megumi Mori

Illustrations : Kei Yamazaki

Textes : Coco Tashima

Conseillère de la rédaction : Fumie Shimoji

Éditeur : Coco Tashima

Responsable commerciale : Rie Sakai

Responsable commerciale Japon : Tomoko Osada

Art direction : Hisashi Tokuyoshi

Collaboration & Coordination : Aya Ito

Contact : info@paumes.com   www.paumes.com

Impression : Makoto Printing System
Distribution : Shufunotomosha

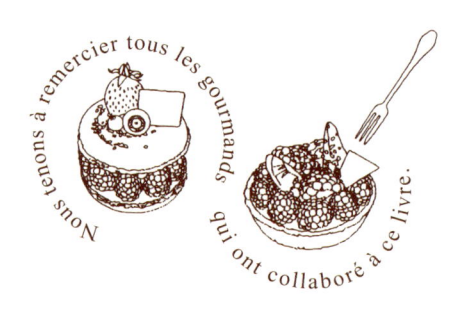

Nous tenons à remercier tous les gourmands qui ont collaboré à ce livre.

édition PAUMES　ジュウ・ドゥ・ポゥム

ジュウ・ドゥ・ポゥムは、フランスをはじめ海外のアーティストたちの日本での活動をプロデュースするエージェントとしてスタートしました。
魅力的なアーティストたちのことを、より広く知ってもらいたいという思いから、クリエーションシリーズ、ガイドシリーズといった数多くの書籍を手がけています。近著には「北欧と英国のアーティストたちの庭」「北欧のキッチン・アルバム」などがあります。ジュウ・ドゥ・ポゥムの詳しい情報は、www.paumes.comをご覧ください。

また、アーティストの作品に直接触れてもらうスペースとして生まれた「ギャラリー・ドゥー・ディマンシュ」は、インテリア雑貨や絵本、アクセサリーなど、アーティストの作品をセレクトしたギャラリーショップ。ギャラリースペースで行われる展示会も、さまざまなアーティストとの出会いの場として好評です。ショップの情報は、www.2dimanche.comをご覧ください。

Paris Sweets
パリのお菓子屋さんアルバム

2013 年 6 月 30 日 初版第 1 刷発行

著者：ジュウ・ドゥ・ポゥム

発行人：徳吉 久、下地 文恵
発行所：有限会社ジュウ・ドゥ・ポゥム
　　　　〒150-0001 東京都渋谷区神宮前 3-5-6
　　　　編集部 TEL / 03-5413-5541
　　　　www.paumes.com

発売元：株式会社 主婦の友社
　　　　〒101-8911 東京都千代田区神田駿河台 2-9
　　　　販売部 TEL / 03-5280-7551

印刷製本：マコト印刷株式会社

Photos © Hisashi Tokuyoshi
© édition PAUMES 2013 Printed in Japan
ISBN978-4-07-289176-5

Ⓡ <日本複写権センター委託出版物>
本書(誌)を無断で複写複製（電子化を含む）することは、著作権法上の例外を除き、禁じられています。本書(誌)をコピーされる場合は、事前に日本複写権センター（JRRC）の許諾を受けてください。
また本書を代行業者等の第三者に依頼してスキャンやデジタル化することは、たとえ個人や家庭内での利用であっても、一切認められておりません。
日本複写権センター（JRRC）
http://www.jrrc.or.jp　eメール：info@jrrc.or.jp　電話：03-3401-2382

＊乱丁本、落丁本はおとりかえします。お買い求めの書店か、
　主婦の友社 販売部 03-5280-7551 にご連絡下さい。
＊記事内容に関する場合はジュウ・ドゥ・ポゥム 03-5413-5541 まで。
＊主婦の友社発売の書籍・ムックのご注文はお近くの書店か、
　コールセンター 049-259-1236 まで。主婦の友社ホームページ
　http://www.shufunotomo.co.jp/ からもお申込できます。

ジュウ・ドゥ・ポゥムのクリエーションシリーズ
www.paumes.com

おいしいものがいっぱいのグルメな街
パリのフォト・ガイドブック

Lovely Tea Time in Paris
パリでおいしいお茶時間

パリ散策の合間のひとやすみに寄りたい
とっておきのサロン・ド・テやカフェ35店

著者：ジュウ・ドゥ・ポゥム
ISBNコード：978-407-282932-5
判型：A5・本文128ページ・
　　　オールカラー
本体価格：1,800円（税別）

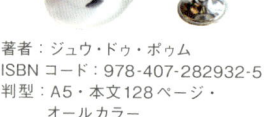

Pâtisseries à Paris
パリのお菓子屋さん

とびきりおいしい！パリのお菓子と出会える
パティシエたちのお店へとご案内します

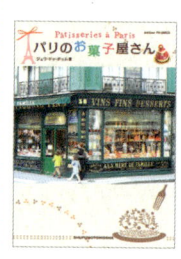

著者：ジュウ・ドゥ・ポゥム
ISBNコード：978-407-267890-9
判型：A5・本文128ページ・
　　　オールカラー
本体価格：1,800円（税別）

Délicieux Souvenirs de Paris
パリのおいしいおみやげ屋さん

おみやげ探しは、旅のお楽しみのひとつ！
おいしくて、かわいいパリみやげをどうぞ

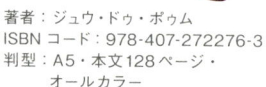

著者：ジュウ・ドゥ・ポゥム
ISBNコード：978-407-272276-3
判型：A5・本文128ページ・
　　　オールカラー
本体価格：1,800円（税別）

Chocolats à Paris
パリのチョコレート屋さん

甘くとろけるチョコレートと、パリをめぐろう
人気ショコラティエのアトリエにも訪問！

著者：ジュウ・ドゥ・ポゥム
ISBNコード：978-407-275978-3
判型：A5・本文128ページ・
　　　オールカラー
本体価格：1,800円（税別）

ご注文はお近くの書店、または主婦の友社コールセンター(049-259-1236)まで。
主婦の友社ホームページ(http://www.shufunotomo.co.jp/)からもお申込できます。

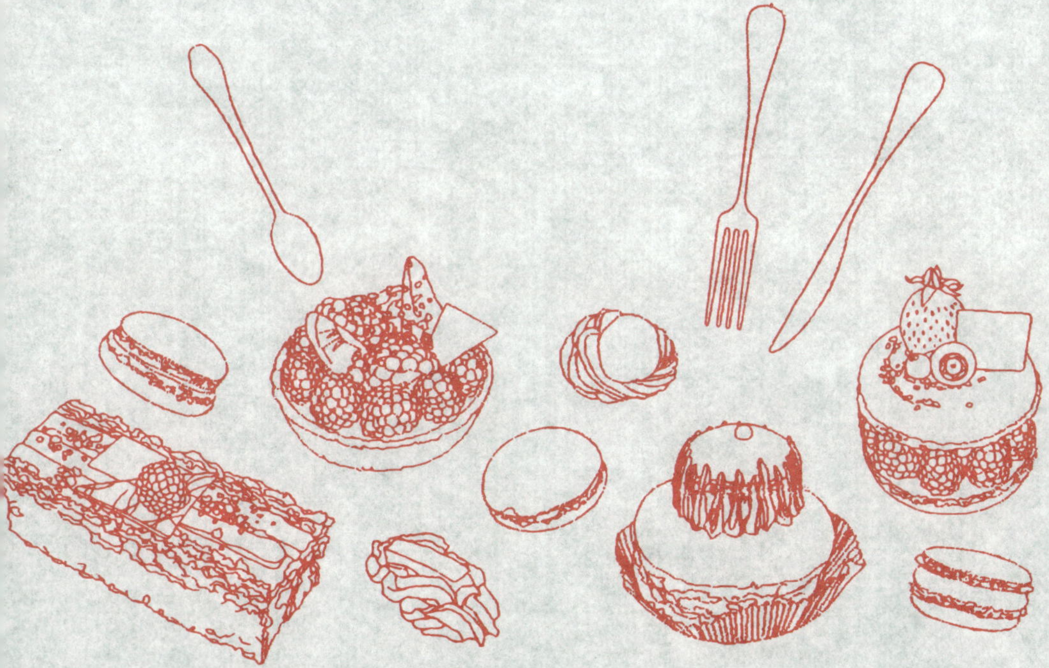